趣怪 IQ 題

笑到你肺

IQ 題
P.2-26

答案
P.27-32

出版：超媒體出版有限公司
Printed and Published in Hong Kong
版權所有．侵害必究

1. 隆胸兩邊隆晒要一萬,但隆一邊只需三千,猜一四字成語?

2. 話說有架飛機被騎劫,乘客會對劫機者說甚麼呢?猜一手品牌。

3. 話說有間名牌店舖一折大減價,有個女人走入去掃貨,但買完出嚟之後就死咗,佢究竟點死?

4. 點解 BB 唔識笑?

5. 拉乜嘢可以學到嘢?

6. L 訓低左會變成咩?

7. 咩毛最普通?

8. 點解在船上唔可以講笑話?

9. 小明自己做暑期作業,第二日,佢死咗,點解?

10. 學生最怕乜野魚?

1. 魚無腳，蟹無翼，咁蝦無咩？

2. 魚蛋粉入面有魚蛋，咩粉入面有雪糕？

3. 菠蘿係黃色，咁咩蘿係綠色？

4. 足球姓祝，籃球姓藍，咁柔道姓咩？

5. 恭喜發財，估一國家名

6. 為甚麼呢個世界上有東京、南京、北京但無西京？

7. 咩動物識打桌球？

8. 九加四幾時等於一？

9. 一個中文字，分起來會很爽，合起來會很痛，猜動詞。

10. 咩生果唔打字？

21. 有咩老鼠得兩隻腳？

22. 承上題，有咩鴨得兩隻腳？

23. 如何用三盞燈同一張櫈營造一個緊張氣氛？

24. 麵包 A、B、C、D，邊個包係苦？

25. 一加一幾時會等於三？

26. 在甚麼時候，零會大過二，二又會大過五？

27. 咩動物會撕爛條鰻魚？

28. 小明由大明養，咁大明由邊個養？

29. 益力多係咩味架？

30. 李雲迪最憎咩理髮產品？

. 達文西密碼上面係咩？

2. 著跑鞋可跑步，著爬山鞋可爬山，著甚麼識飛？

3. 小明被困房間，怎麼吃力也拉不開唯一房門，為何他仍可以逃走？

4. 有人失足跌下，但冇事，只死了一隻雞，為甚麼？

5. 老公好靚仔（猜香港一地方名）

6. 一隻貓坐在窗前看風景，窗外有公園、馬路和招牌，究竟哪一物件與貓最接近？

7. 有一人外出時下雨，他全身濕透，但頭髮沒濕，為甚麼？

8. 航空公司開幕（猜一成語）

9. 有一天，男班長上課時急尿，便和老師講：「我要去廁所。」老師話：「你搵到條校規話上堂時去廁所我就俾

你去！」男班長無奈地坐低，但佢不甘心，佢猛擸學守則，好耐後男班長彈起身講左句說話，老師無言對，請問男班長講左咩？

40. 一條毛毛蟲要過對面岸，它不懂游水，兩岸之間亦無西可以渡河，身邊只有一堆葉，究竟毛毛蟲怎樣才可過到對面岸？

41. 身分證掉了，怎麼辦？

42. 一間牢房中關了兩名犯人，其中一個因偷竊，要關年，另一個是強盜殺人犯，卻只關兩個星期，為甚麼

43. 有一個人頭戴安全帽，上面綁著一把扇子，左手拿著風扇，右手拿著水壺，腳穿溜冰鞋，請問他要去哪裏

44. 有一天，馬騮贏得比賽，正在選擇禮物，有三樣禮物佢選擇：一）現金五千元；二）相機；三）機票來回亞洲經過主人說明禮物用途后，馬騮選擇了相機，點解？

45. 有一日，醫生叫王小明：「王小朋友，請你睇開D啦！小明究竟患咗咩病呢？

6. 陳太請了一位德成女傭返屋企，女傭做完家務之後唔見咗！點解？

7. 邊個城市的人係最有用？

8. 華盛頓砍咗佢老豆嘅樹，點解佢老豆冇鬧佢，仲讚佢乖？

9. 有乜嘢慘過食屎？

10. 讀完中五讀乜嘢？

11. 食乜嘢昆蟲會瘦？

12. 黑社會人物最愛甚麼動物？

13. 香港的肥仔多數是甚麼姓氏？

14. 為甚麼三文魚生和海膽魚生路上迎面而行，互相見到對方，但都不打招呼？

55. 午餐肉每次見到公仔麵都會打公仔麵，但有一次午餐肉見到意大利粉，午餐肉卻依然打意大利粉，為甚麼？

56. 皇后似咩？

57. 哪種玩具唔可以在船上面玩？

58. 檸檬最怕咩生果呢？

59. 猜一句英文：「ABAABBBBBBBABABAAAAAAAA BBBABAAABAAA」？

60. 咩爐係最臭？

61. 老師話邊兩個英文字最難教？

62. 甚麼時候是摘蘋果的最佳時機？

63. 大學聯招放榜了，為甚麼志明榜上無名卻一點也不難過？

4. 暗瘡長在哪裏最不擔心？

5. 天氣愈來愈冷，為甚麼小華不多加件衣服，反而要脫衣服？

6. 偷甚麼不犯法？

7. 你可知《辭海》有多少字？

8. 樹上有十隻小鳥，樹下坐著一隻公猴子，有一天來了一個獵人，這獵人拿著槍向那十隻小鳥開槍，只見一哄而散，十隻小鳥全飛走了，唯一受害者是猴子，沒打到小鳥，坐在樹下的猴子卻流鼻血了！為甚麼？

9. 猴子和兔子都自認自己是天下最聰明的，誰也不服輸。一天，他們決定要一決高下。兔子出了一道題：「我可以坐在一個你永遠無法坐到的地方。」猴子心想：「爬樹是我的專長，這事哪有可能發生。」所以他立刻回答：「好，要是有地方你能坐到而我不能的話，那就算我輸！」結果，猴子真的輸了。這到底是怎麼一回事？

10. 你有一艘船，船上有三個領航員、六個水手、二十個乘客、三十噸貨物、五艘救生艇。你能在一分鐘內說出船主的年齡嗎？

71. 為甚麼放煙花時不會射到天上的星星？

72. 用左眼看的話，它在右邊；用右眼看的時候，它在左邊，
　　它是甚麼？

73. 小明身上沒有任何工具，但是他從高處往下跳，卻沒有
　　人阻止他，為甚麼？

74. 怎樣才能防止第二次感冒？

75. 做甚麼事，隻眼開隻眼閉會比較好？

76. 有個人拎起隻雞蛋，掟舊石。點解隻雞蛋唔爛呢？

77. 阿明死在一間密室中、現場只留下一灘水和一些碎玻
　　璃，請推測他的死因。

78. 為何小明到小華家需要一小時的車程，而小華到小明家
　　要兩個半小時的車程呢？

79. 害怕的時候它跳得快，它不跳的時候卻令人傷心，它是
　　甚麼呢？

0. 有一隻專捉老鼠的惡貓，有一天，為甚麼見到一隻老鼠佢立即走呢？

1. 怎樣才可以把一個皮球拋出去，不碰著地板、牆壁等東西，又不必用繩連著皮球，而仍能回到你的手裏？

2. 有個人一聽到音樂，手會不停咁震，但醫生話佢冇病，點解呢？

3. 用甚麼抹窗才乾淨？

4. 有一隻豬，它走啊走啊，走到了英國，結果他變成了甚麼？

5. 歷史上哪個人跑的最快？

6. 有一個獵人，他用的獵槍非常奇怪，只能瞄準青色的東西。有一日他看到樹上有兩隻雀，一隻紅色，一隻青色。為何那個獵人能夠殺掉兩隻雀呢？

7. 如果半夜十二點時，在鏡子前點上一根蠟燭，然後對著鏡子前削萍果，你會看到甚麼？

88. 去洗手間（猜一食物）

89. 由於不適應當地的生活，小明想移居加拿大，那麼他低消費是多少？

90. 咩動物最中意同燒賣發生性行為？

91. 咩動物最鐘意聞底褲？

92. 咩生果可祝人長命百歲？

93. 一對僑居意大利的中國夫婦，某天太太到市場買雞胸因為她不懂意大利話，只好學雞叫，再指指自己的胸部，想買雞腳便指自己的腳，老闆看懂了；後來她想買香腸，卻回家叫丈夫來，為甚麼？

94. 當你有問題唔明嘅時候，會搵邊個解釋比你聽？

95. 有個地方啲市民好囂張，嗰啲人叫咩？

96. 阿媽嘅奶叫母乳，呀爸嘅奶叫咩？

7. 啲衫洗完晾喺咩地方，要晾最耐至乾？

8. 考試前有一樣嘢千祈唔可以做，係咩呢？

9. 咩電器係最差呢？

00. 一個好唔嚇得嘅人買魚。有兩條比佢揀，一條好腥，一條唔腥。佢揀咗腥嗰條，點解？

01. 鹽同糖，邊個唔食得煙？點解呢？

02. 從前有兩個人想自殺，佢嘅錢只夠買一罐毒藥，呢隻毒藥係唔飲晒成罐就唔會死嘅，但點解最後兩人都死咗呢？

03. 阿媽生仔，阿爸生女，咁大佬生乜嘢？

04. 如果你生出來個仔只有一隻右手，你會點算？

105. 邊一個地方，剩女最鍾意去？

106. 邊一個地方嘅人，特別易肚餓？

107. 種咩植物，會令祖先都翻生打你？

108. 有咩根係最痛嘅？

109. 有咩車比地鐵仲長㗎？

110. 有咩船可以係水底好耐都得？

111. 咩燈最嘥電？

112. 咩情況之下，個人「謝」咗都開心？

113. 行來行去不願走（猜一水果）

14. 甚麼車乘搭的人最少？

15. 甚麼貓不吃魚？

16. 個人可以一邊刷牙一邊吹口哨，為甚麼？

17. 星期日邊度最多菲律賓人？

18. 有一個字，我們從小到大都唸錯，那是甚麼字？

19. 樹上有 100 隻鳥，要用什麼方法才能把它們全部抓住？

20. 古人把藍色的外衣放在黃河裡，結果會怎樣？

21. 動物園中，大象鼻子最長，鼻子第二長的是甚麼？

122. 咩嘢要跌落水 4 次先會俾水沖走？

123. 有一塊火腿同一條腸仔放左落同一隻鑊度，點解佢地唔傾計？

124. 黑貓同白貓一齊過馬路，白貓俾車撞低，咁白貓會對黑貓講的第一句說話係咩呢？

125. USA 個細佬係邊個？

126. 點解小明俾人打，佢阿媽都唔救佢？

127. 一隻蟻究竟用咩方法唔駛 1 分鐘就由香港去到美國呢？

128. 甚麼科目我們唔駛理佢？

129. 人心係咩色

30. 花店賣花，電器店賣電器，教堂賣咩？

31. 除咗海港城吸引好多人，仲有咩城吸引好多人？

32. 漁夫個 friend 叫咩？

33. 菊花咩時候最圓？

34. 一隻靴癲起上嚟會做咩呢？

35. 最唔抵買的花（猜一種花）

36. 有乜嘢食得唔吞得，洗得唔着得？

37. 阿珍去年的生日禮物是在百貨公司購買的，那今年在哪裏買呢？

138. 《水滸傳》…… 因為有一百零八個好漢（好看）

139. 點解「白樹油」性別係女，而「BB油」性別係男？

140. 『Q，R和S被人綁架，綁匪要將佢哋三人先後殺死，咁到底邊個會最後被殺死呢？』

141. 一隻鴨同一隻鵝比人放咗落冰箱，過咗一日後，鴨死咗，鵝點解會冇事呢？

142. 一座高樓發生大火，燒死曬所有人，唯獨淨係得小明在今次災難中生還。當電視台訪問他時，小明話今次逃過大難，最感激是他媽媽，因他媽媽成日對佢講一句話，結果因為呢句話佢死裡逃生，請問小明他媽講過甚麼說話？

143. 如何令一張A4紙變得更加值錢呢？

144. 爸爸姓爸，媽媽姓媽，咁baby姓咩呢？

45. 在哪裏人才會真正變得任人宰割？

46. 用木瓜同蜜瓜打頭，哪個較痛？

47. 十年前有一條船可以載十個人，當時船上已有八人，點解當一個孕婦上船後，隻船沉咗？

48. 螞蟻有六隻腳，為何牠經過牛屎後只留下四隻腳印？

49. 小明下體受傷，飲D乜嘢可以好番？

50. 黑貓黑色，白貓白色，掛牆上的貓係咩色？

51. 有個人係山頂碌落嚟，點解唔死得？

52. 孫中山死後，對中國有甚麼變化？

153. 一枝火柴被人打傷頭部，入醫院包紮了傷口之後，就成了什麼？

154. 咩昆蟲怕水？

155. 一隻羊流浪荒野，餓了9天，看見一個山坡，休息下來，發現左邊有個包，右邊有肉，估下隻羊選擇甚麼來食？

156. 一輛車在公路上飛馳，但沿途冇街燈，冇月亮，冇開車頭燈，但點解唔會撞車呢？

157. 有一種用品，買的人知道，賣的人都知道，只是用的人唔知，請問究竟係咩？

158. 公雞與母雞考試，考完後將試卷交予老師。老師只需看字就知道哪一份卷是誰，為甚麼？

159. 從前有一間公司，個名叫做好極』，但自從對面街開

辦一間出售相同貨物，名叫『壞極』的公司後，顧客
紛紛到『壞極』惠顧，為甚麼？

60. 賊唔一定怕看門的狗，但最怕咩狗呢？

61. 武俠小說中，主角唔一定最有影響力，點解？

62. 乜嘢可以存放最多文字？

63. 邊個符號有個咀巴？

64. 幾個人進行單車比賽，小明首先衝線，可是為什麼最
    後輸了？

65. 考試不能看什麼書？

66. 陳家有三個仔，第一個仔叫大牛，第二個仔叫二牛，
    第三個仔叫三牛，第四個仔叫咩名？

167. 陳家有三個仔，大仔的左耳似爸爸。二仔的右眼似媽。細仔的左邊 pat pat 似邊個？

168. 你被一樣從三千公呎高空跌落嚟嘅的東西撞親個頭但係都唔死，點解？

169. 有翼唔識飛，但係會吸血？

170. 邊兩個數字最唔好朋友？

171. 邊個數字最懶？邊個數字又係最勤力？

172. 如果有日你女友想同你分手，因為她移情別戀，她同個醫生拍拖；但你仲好鐘意你個女朋友，咁你就日都送一樣東西給這位醫生，希望醫生可以離開你女朋友，這樣東西是甚麼？

173. 1 隻雞，1 隻鵝，1 隻鴨分 3 支汽水點解分唔勻？

74. 綠豆跳樓，之後會變成點？

75. MTR 車廂裡面有 1 隻老虎和 4 隻羊，老虎用 2 個站的時間食完 1 隻羊，但過了 3 個站之後會羊群沒有死，點解？

76. 美國人邊個月最少出街食飯？

77. 英文有廿六個英文字母，當 E 同 T 走左之後，會剩低幾多個英文字母？

78. 大口仔搽紅唇膏，估一英文生字。

79. 阿明同阿珊去打劫銀行，但事敗逃亡，但警察追捕時唔追阿明，只是死命地追阿珊。點解呢？（估一個名勝地名）

80. 柯南發燒，有邊個會探佢？

181. 為什麼小馬和小亞都相信小何？

182. 如果獅子來到要走快四步，老虎來到要走快三步，什麼來到要走快兩步？

183. 拿破崙將單帶住法國大單去打仗，面對敵人時，佢一路帶頭一路叫：「沖呀！殺呀！」，但為什麼整支法國大單一動不動？

184. 有個人住在十三樓，他上街時可以搭電梯直達地下，但他回家時只有他自己一個搭電梯的話，他一定搭到十二樓再走上一層樓梯，為什麼？天空之城，估香港一地方名。

185. 三國個時，諸葛亮約左幾個人睇大戲：關羽、張飛、劉備、趙雲。不過最後邊個無得去呢？

186. 食人族族長會食人，點知佢有一日病咗，醫生話佢人有病，叫佢食齋，咁族長去左食咩嘢呢？

87. 有一日,在時代廣場,有一對男女嗌緊交,女仔:「點解你要同找分手?」男仔會點樣答?

88. 小明很調皮,跑到鄰居家的草莓園偷吃草莓,結果被發現了。鄰居阿姨問:「你叫什麼名字?我要告訴你的家長!」小明答了甚麼,令阿姨七竅生煙?

89. 長頸鹿條頸咁長係因為佢要食樹上既草,越食越高,條頸越伸越長。咁猩猩個鼻哥窿點解會咁大?

90. 有一天,小明被土人捉了,他們把小明掛在一棵樹上,繩子再連到下一棵樹,繩子下是一枝蠟燭。剛巧樹下有隻老虎經過,如果蠟燭燒斷了繩子,小明便可以掉下來。請問小明怎樣解圍呢?

91. 一男女朋友睡在同一房間,女的畫了條線說:「過線的是禽獸」,醒來發現男的真的沒有過線,女的狠狠打了男的一巴,為甚麼?

92. 有一天,有一個人出車禍了,他就跑去找醫生。醫生幫他看完之後,就對他說:「你的脖子骨頭脫臼,你

暫時不能動脖子，否則你就會死，明白麼？」最後
那人死了。為甚麼？

193. 西餐廳餐牌上面，有邊種食物係由三個姓氏組成？

194. 誰睇過龍？

195. 甚麼粥最咸濕？

案

一波三折
Nokia（落機呀！）
抵死
因為可以笑的話，不會哭
Library
Aeroplane（L平）
Normal
海聽到會笑，就會引發海嘯。
因為自作業，不可活。
. 東星班（Don't升班）
. （蝦無）哈姆太郎
. Seven
. Keroro（騎蘿蘿）
. 姓誕，因為又到聖誕，（柔道）又到聖誕——！
. 比利時（比利是）
. 因為西經比唐三藏拎左
. 鷹，因為鷹識桌球
. 時鐘上的時針
. 咬
. 蕉，因為不打字蕉（不打自招）
. 米奇老鼠
. 唐老鴨
. 「燈燈燈凳——！」
. C，因為麵包師傅（C苦）
. 計錯的時候
. 猜包剪鎚的時候
. 蛇，因為蛇撕鰻（佘詩曼）
. 狗，因為狗養大明（久仰大名）
. 「你今日飲咗未」
. 美源髮彩，因為美源髮彩，冇得「彈」
. 達文西帳號

32. 著「仔」（雀仔）
33. 拉不開道門，那就推開它吧！
34. 因為大難不死，要殺雞還神，因此，雞就死了！
35. 美孚（美夫）
36. 窗
37. 因為他沒有頭髮
38. 有機可乘（有飛機可乘搭）
39. 請保持課室清潔
40. 吃掉樹葉。待毛毛蟲長大做蝴蝶，就能飛過去了。
41. 執返佢
42. 因為殺人犯關了兩星期就被帶去執行死刑
43. 精神病院
44. 因為牠的主人說：「這是自動變焦（自動變蕉）相機。」
45. 豆雞眼
46. 因為「德成女傭，溶入家中」
47. 費城（廢城）
48. 因為華盛頓當時仲拎住個斧頭！
49. 食兩舊屎。
50. 下午（五）
51. 蟻，食蟻獸（瘦）。
52. 班馬（黑社會人物當然喜歡「斑馬」）。
53. 香港的肥仔是多姓「死」，因為通街都有人叫「死肥仔」。
54. 因為「佢地都唔熟！」
55. 因為午餐肉對意大利粉說：「別以為你做了負離子直髮，我便不認得你！」
56. 似廣場（皇后像廣場）。
57. 爆旋（船）陀螺
58. 柑，因為柑桔檸檬。
59. Long time no see（C）。
60. 多士（屎）爐。
61. EC，伊斯蘭教 (EC 難教)。
62. 無人的時候
63. 因為他是讀小學的
64. 別人身上
65. 因為他要沖涼

偷笑

兩個字，即「辭」和「海」

因為當時猴子正在挖鼻孔，被槍聲嚇到挖破鼻黏膜。

兔子坐在猴子身上。

你說出自己的年齡便是了。因為第一句已說明你就是那艘船的船主。

因為星星識「閃」

它就是你的鼻子。

因為他在玩跳水。

不要有第一次感冒

射擊

唔關隻雞蛋事，只係掟石而已。

阿明是一條金魚，牠因為水缸被打破缺水而死。

兩個半小時 ＝ 2 x 30 分鐘 ＝ 1 小時

它就是心臟

牠走去捉老鼠

向上拋

因為佢係指揮家

用力

Pig

曹操（一講說曹操，曹操就到。）

獵人先殺青色那隻雀，紅色的雀看見後，被嚇到臉色變青，繼而被殺。

一個傻仔在看著你！

魚翅（如廁）

不用錢，只「想」是不用錢的。

蝦（蝦餃燒賣，蝦「搞」燒賣）

豹（豹聞底褲）

蜜瓜（勿瓜）

因為佢老公識意大利話

毛蟲（無從解釋）

HUMAN（囂民）

腐乳（父乳）

欄杆（難乾）

換襪（玩物喪志）

（差）叉電器

100. 「唔聲（腥）唔聲（腥），嚇你一驚」
101. 鹽，因為嚴（鹽）禁吸煙
102. 因為買一送一
103. 大老山隧道
104. 人都只有一隻右手......好正常！
105. 南生圍（男生圍）
106. 打鼓嶺（肚餓到打鼓）
107. 仙人掌（先人掌摑）
108. 抽筋
109. 塞車
110. 沉船
111. 熄燈
112. 多謝
113. 榴槤（流連）
114. 空車
115. 熊貓
116. 他在刷假牙
117. 菲律賓
118. 「錯」字
119. 用相機抓住牠們的光影
120. 外衣濕咗
121. 小象
122. 雀仔（有隻雀仔跌落水　跌落水　跌落水　有隻雀仔跌落水　被水沖去）
123. 因為佢地未熟
124. 喵
125. USB
126. 俾人打到阿媽都唔認得
127. 在地圖上行
128. 物理（勿理）
129. 黃色（人心惶惶「黃黃」）
130. my god
131. 郭富城
132. 農夫
133. 丟丟轉（下句唱：菊花圓）

4. 炸街（因為 BOOT 癲炸街一砵甸乍街）
5. 玫瑰（又梅又貴）
6. 玩樂用的麻雀
7. 金鏈（今年）要在金舖購買。
8. 《水滸傳》……因為有一百零八個好漢（好看）
9. 因為「白樹油」好「㷫」，而「BB 油」唔「㷫」
10. S．升降機嘅英文係 escalator，讀音係 Skilllater，S 係最遲被殺！
11. 因為呢隻係企鵝
12. 咁多人死，又唔見你死！
13. 撕碎佢，之後就會變成好多張「碎紙」！
14. baby 當然系姓「感」啦，性感 baby 啊嘛！
15. 手術臺
16. 頭
17. 因為係一架潛水艇
18. 牛屎大臭，螞蟻用兩隻腳掩鼻
19. 雜果「賓治」
20. 裝飾（色）
21. 這個人是「Look」落嚟，望落嚟而已。
22. 中國少了一個人
23. 棉花棒
24. 蚊怕水
25. 食草囉
26. 日光日白駛乜開燈呀？
27. 棺材
28. 因為雞㷫咁大隻字
29. 大家都係有限公司，「壞極有限」好過「好極有限」。
30. 狗狗狗（999）
31. 最有影響力當然係作者，因為作者隨時可以寫死主角。
32. 萬字夾
33. 箭咀
34. 小明衝的只是起點線
35. 百科全書（百科全輸）
36. 陳家只得三個仔
37. 似自己的右邊 pat pat

168. 那是雨水
169. 衛生巾
170. 「9」和「8」，因為「九」唔搭「八」
171. 「2」，因為「一」不做「二」不休
172. 蘋果（一日一蘋果，醫生遠離我）
173. 婀娜多姿（鵝攞多支）
174. 變成紅豆，因為綠豆跳完樓成身都係血，變咗紅色。
175. 四隻羊都無少到，因為 MTR 裡面嚴禁飲食囉！
176. 二月，因 2 月只有 28 日。
177. 二十一個，因為 ET 搭 UFO 走左。
178. Direction（大 red 唇）
179. 因為喜瑪拉雅山（起碼拉阿珊）
180. 探熱針
181. 因為亞馬遜河。
182. 財神（財神到、財神到、好走快兩步）。
183. 因為法國大軍聽不懂中文。
184. 因為他好矮，只能夠按 12 樓的按鈕。
185. 關羽！（因為關羽張飛留比趙雲）
186. 植物人
187. 男仔：「因為對豬扒有敏感 ...」
188. 小明神情自若地說：「不用了！我的爸爸媽媽都知道我叫什麼名字。」
189. 因為佢 D 手指好粗
190. 小明向老虎唱生日歌，老虎便把蠟燭吹熄了！
191. 因為男友「真是禽獸不如！」
192. 那人點頭說「明白」，結果他就死了。
193. 羅宋湯
194. 眼大嘅人，因為「眼大睇過龍」。
195. 及第粥（因為 gup 底）